建筑速写

ARCHITECTURAL SKETCHING

刁晓峰 著

机械工业出版社
CHINA MACHINE PRESS

建筑速写是建筑设计、环境艺术设计等专业学生必须掌握的专业技能，是收集素材和记录创意灵感、快速呈现设计方案的有效手段。本书根据作者十余年手绘教学和实践经验撰写而成。案例不多，但均为浓缩的精华；原理浅显，但都是潜心总结的实践诀窍。建筑速写承上启下，是将中小学美术知识和高校相关技能进行连接的桥梁，国内外优秀设计师无一不画得一手好速写，在各设计岗位，速写能力强的设计师往往也都备受关注。

　　本书是系统和实用的建筑速写技法教材，适合作为高等院校建筑设计、环境艺术设计、室内设计、园林、规划等专业的教学用书，也可作为设计相关培训机构的教材，同时还可供建筑速写爱好者阅读参考，即使是零美术基础也能轻松上手。

图书在版编目（CIP）数据

建筑速写 / 刁晓峰著. —北京：机械工业出版社，2023.4
ISBN 978-7-111-72884-9

Ⅰ.①建⋯　Ⅱ.①刁⋯　Ⅲ.①建筑画—速写技法　Ⅳ.①TU204.111

中国国家版本馆CIP数据核字（2023）第051701号

机械工业出版社（北京市百万庄大街22号　邮政编码100037）
策划编辑：宋晓磊　　　　　　　责任编辑：宋晓磊
责任校对：王荣庆　王　延　　　责任印制：邓　博
北京新华印刷有限公司印刷
2023年5月第1版第1次印刷
260mm×184mm·6.25印张·129千字
标准书号：ISBN 978-7-111-72884-9
定价：49.00元

电话服务　　　　　　　　　网络服务
客服电话：010-88361066　　机 工 官 网：www.cmpbook.com
　　　　　010-88379833　　机 工 官 博：weibo.com/cmp1952
　　　　　010-68326294　　金 书 网：www.golden-book.com
封底无防伪标均为盗版　　机工教育服务网：www.cmpedu.com

巴黎圣图安跳蚤市场（35分钟完成）

波斯波利斯遗址（15分钟完成）

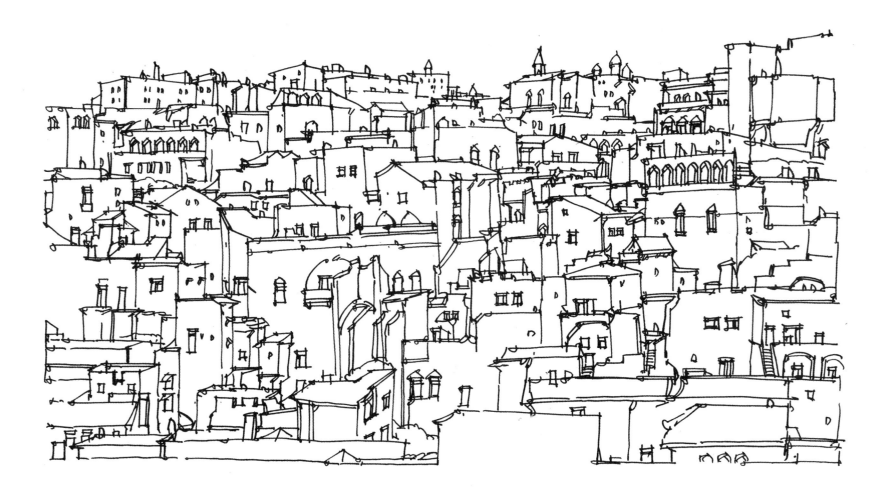

马泰拉民居建筑群（55分钟完成）

前　言

　　建筑速写是建筑和环艺专业的必修课、基础课，但随着软件技术的发展，人们越来越希望绕过辛苦的基础训练而取得进步，各类速成教程应运而生，在短期内确实也能获取一些表面效果，但任何基于空中楼阁的成果始终不可能在实践中通过考验。然而环境变了，人们很少再像老一辈那样以最原始的方式手工绘制效果图，当精力被各种事务分散，便很难每天静下心来坐在书桌前静静画几个小时手绘。手绘本身也发生了巨大变化，以前的手绘图倾向于最终效果的展示，现在的手绘图则倾向于沟通与表达，同时也凸显个人品位；二十年前的建筑速写以细腻画风为主流，现在的建筑速写则更趋于简练，因此学习方式也应与时俱进。本书的撰写目的是在保证不浮躁、不急于求成的基础上，省掉不必要的理论环节，提炼技法，把力用于刀刃，使学习过程更紧凑，学习效果更明显。

　　本书并未以填鸭方式大量堆砌雷同案例，而是精选了几类代表性建筑深入剖析，将行笔技巧融入其中，从零基础入门，到学有所成，直至勇猛精进。正如金庸先生在《天龙八部》里提到的，天山折梅手虽然只有六路，但包含了天下武学精义，任何招数武功，都能自行幻化其中。学习手绘亦是如此。

　　感谢李兰老师的大力支持。

刁晓峰

2023年于重庆

本书使用方法

1. 每个重要案例附有示范过程视频，可手机扫描二维码反复观看。

2. 扫描本页所附的二维码可下载作者精心准备的素材库供读者进行速写练习，将随时更新和增补。

3. 本书配有教师资源库（含PPT课件、教学大纲、教案、课程说明及评分标准），授课教师可登录www.cmpedu.com获取。

素材库

目　录

第一章　工具与线条基础

第一节　手绘工具

一、钢笔的手感

选钢笔应先考虑笔杆的手感。笔杆多为塑料或金属制成，铜杆最重，不锈钢杆和铝合金杆次之，塑料杆最轻。最好去柜台试写，选择适合自己书写习惯的笔杆。以作者的个人经验来看，选笔杆宁轻勿重、宁细勿粗，太重太粗的笔杆会压迫手指，不利于线条的绘制。

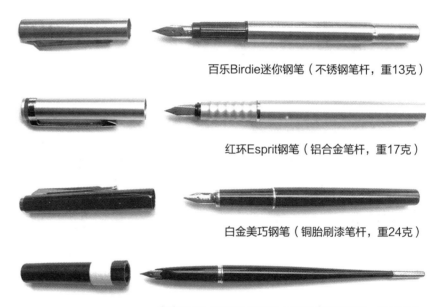

百乐Birdie迷你钢笔（不锈钢笔杆，重13克）

红环Esprit钢笔（铝合金笔杆，重17克）

白金美巧钢笔（铜胎刷漆笔杆，重24克）

白金KDP-3000A长杆艺术钢笔（塑料笔杆，重12克）

如何挑选钢笔

钢笔不顺怎么办

通常情况下，笔杆直径小于9毫米且整体重量小于15克的钢笔很适合绘制速写。

二、笔尖粗细与触感

常用的笔尖规格有EF（极细）、F（细）、M（中）、B（粗）。F笔尖最常用，EF笔尖多用于细节刻画，B笔尖多用于签名，很少用于绘画。笔尖有两种触感，圆球尖如丝般顺滑，刀锋尖如利刃般犀利，前者画起来顺滑，后者画起来有摩擦感。

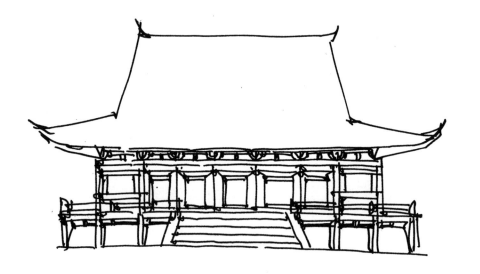

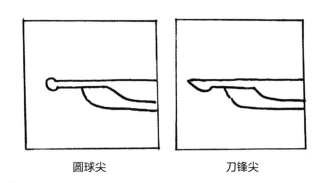

圆球尖　　　　　　　　　刀锋尖

但是，有摩擦感的刀锋尖并不代表不好，相反刀锋尖画速写时能把线条画得更具力量。左图为用刀锋尖万宝龙Nobless钢笔绘制的木结构建筑，飞檐翘角的气势在刀锋尖下表现得淋漓尽致。

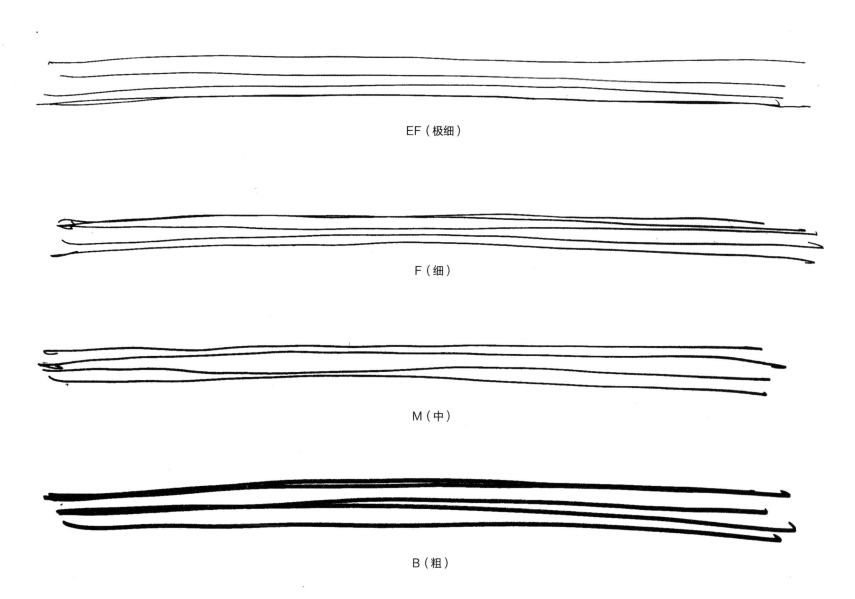

EF（极细）

F（细）

M（中）

B（粗）

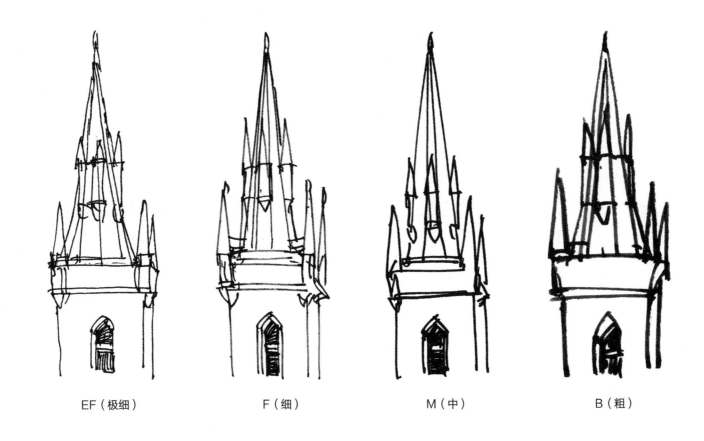

EF（极细）　　　　F（细）　　　　M（中）　　　　B（粗）

不同粗细的笔尖在实例上的不同表现

三、笔尖弹性

钢尖硬朗，金尖弹软，钢尖通常缺少变化，而18k及其以上纯度的金尖又容易因为过于软而导致绘画时绵而无力，因此弹性适中的14k金尖最适合绘画。作者不太建议使用暗尖钢笔，因为暗尖钢笔的笔尖大部分藏在笔杆内，操控感较弱。

金尖闭合时轻轻划过纸面产生细线，用力按压时金尖分叉产生粗线。黄金弹性较好，能在按压后迅速回弹成原样且不易变形，因此能切换不同力度去表现各种线条；钢尖弹性较弱，强行按压容易变形或损坏，无法回弹。

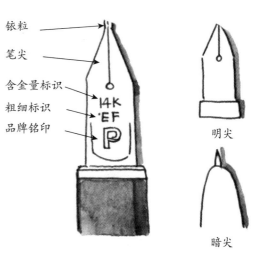

铱粒
笔尖
含金量标识
粗细标识
品牌铭印

14K
EF
P

明尖

暗尖

优质金尖能模仿毛笔的笔锋，画出富有变化的线条

用EF笔尖的白金KDP-3000A 14k金尖钢笔绘制的云南傣家竹楼（13分钟完成）

轻轻用力产生细线　　　　　用力按压产生粗线　　　　　笔尖回弹后粗线恢复成细线　　　　　粗线和细线之间随意切换

中指第一关节侧面

食指指腹

虎口

大拇指指腹

不少人的小拇指容易不自觉地翘起来影响整个手掌，
可考虑戴一枚厚实一点的足铂（pt990）尾戒，尾戒
沉甸甸的压迫感可以随时提示自己这根手指不要随
便乱动

A区域

B区域

四、握笔姿势

画画和弹琴一样讲究指法，好的握笔习惯能让线条似行云流水，反之则会看起来木讷刻板。无论何种握笔姿势，无名指和小拇指只起辅助平衡的作用，关键在于这三根手指：大拇指、食指、中指，由大拇指指腹、食指指腹、中指第一关节侧面和虎口共同握笔。古往今来书法大家的传世墨宝也都无形中体现了手指对笔的操控力。

握笔姿势

通常笔杆压在A区域最合适，但也有不少人习惯把笔杆压在B区域，觉得那样会捏得更稳，但会导致后面两根手指不自觉地往前移，不仅画不好线条，而且有可能导致手指疲劳。

A区域—中指第一关节和指甲之间的部位
B区域—中指第一关节

大拇指指腹、食指指腹、虎口和中指第一关节侧面是握笔最直接的四个接触点，因此它们的稳定性很重要，通常中指第一关节侧面是最容易产生变数的区域，这和许多人小时候的握笔习惯分不开，而且往往很难纠正。

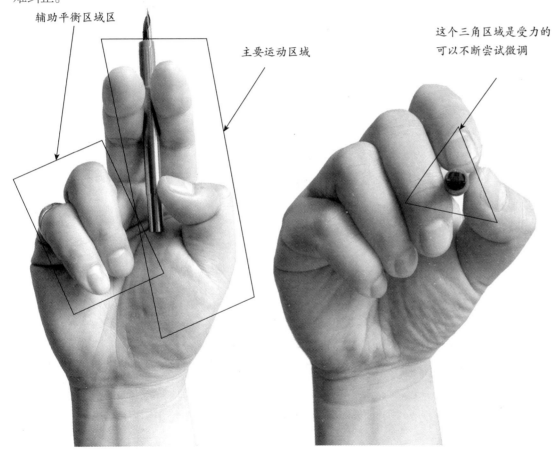

辅助平衡区域区

主要运动区域

这个三角区域是受力的关键部位，握笔时可以不断尝试微调

　　通过手指的抬升来训练对笔杆的操控力，看似简单，却需要每天多练习，这四个接触点在很大程度上直接影响着画作的线条效果。

铅笔和毛笔的握笔姿势通常不会在使用钢笔时被运用，因为前两者为笔尖各方位均可作画，而钢笔不同，钢笔尖的最佳表现方向只有一处，即是纸面垂直铱粒的方向，当然，也有一些品牌推出了360°书写笔尖，但体验感并不好，所以也没得到大部分人的认可。无论笔尖捏得近还是远，大拇指、食指和中指与笔杆接触的位置通常不会离得太远。

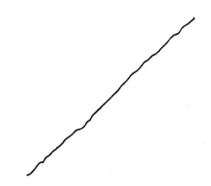

采用这种姿势画线会很受拘束

不少人有这个习惯，那就是伸出小拇指支撑在纸面上，觉得这样可以维持整个手掌的平衡，甚至还有人将其看作绘画功底纯熟的象征。作者个人很不赞同，因为钢笔速写是一个随着训练强度的加大才能越来越熟练的表现技法，将小拇指支撑在纸面看似增加了稳定感，实则降低了绘制的效率，让线条更没法放开，久而久之会越画越刻板，难以改正。

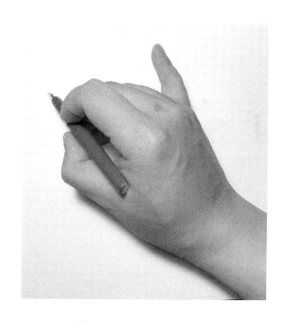

姿势A和姿势B是画钢笔速写最常用也是最好用的姿势，基本姿势并无较大差异，仅存在指尖和笔尖距离的差异。

姿势A：
适合画犀利潇洒的长线条，
但握笔不稳，不适合精细刻画

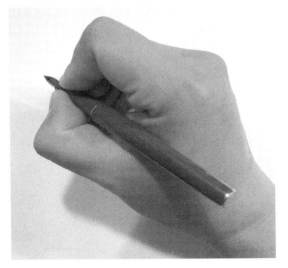

姿势B：
可用于精细刻画
但画不了长线条

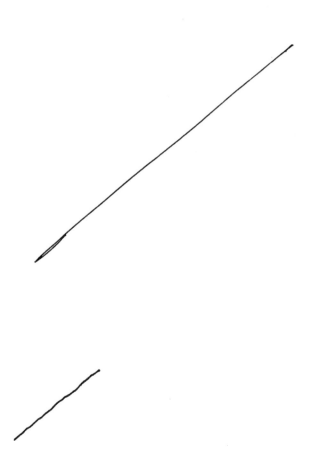

五、铅笔辅助起形

通常画建筑速写会以钢笔绘制线条一气呵成，不用铅笔起形，但基本功弱的学生适当借助一下铅笔也无妨。建议使用硬度在2B以上4B以下的铅笔，过硬的笔芯会在纸面形成划痕，增加绘制钢笔线条时的阻力，而过软的笔芯会把纸面蹭得很脏不利于画面整洁。削铅笔的时候尽量削长一点，以稍带斜面的笔尖绘制为宜，可以画出粗犷的线条，有利于迅速起形，提高效率。

先用刀削出长尖，尽量不用卷笔刀，然后在纸面上轻轻打磨出一个斜面

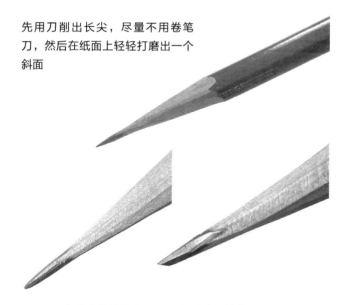

打磨之前的笔尖　　打磨之后的笔尖

普通笔尖侧锋涂抹的效果

带斜面的笔尖侧锋涂抹的效果

普通笔尖侧锋表现建筑

带斜面的笔尖侧锋表现建筑

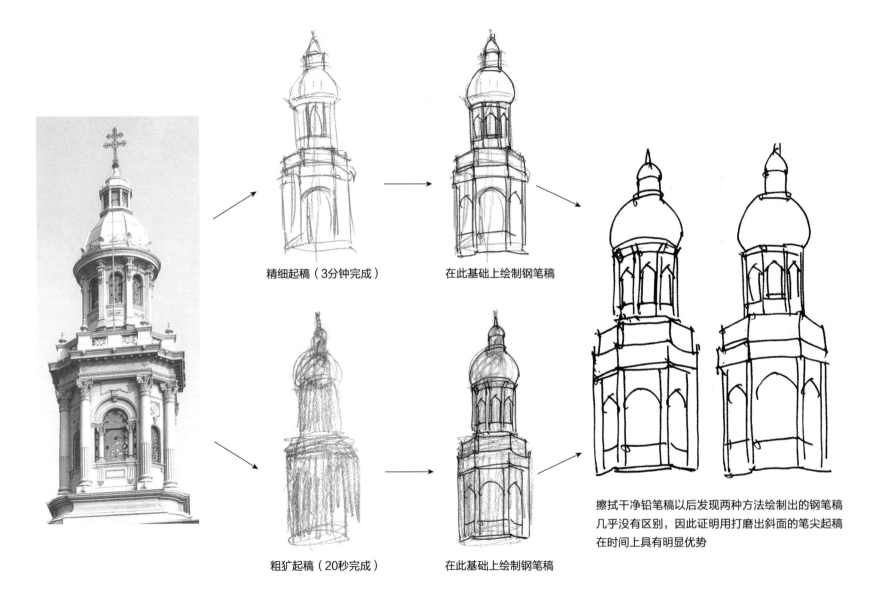

精细起稿（3分钟完成）

在此基础上绘制钢笔稿

粗犷起稿（20秒完成）

在此基础上绘制钢笔稿

擦拭干净铅笔稿以后发现两种方法绘制出的钢笔稿
几乎没有区别，因此证明用打磨出斜面的笔尖起稿
在时间上具有明显优势

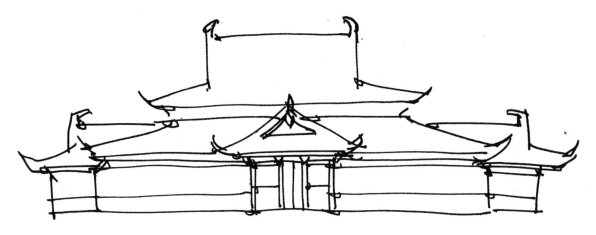

河北石家庄正定隆兴寺摩尼殿（3分钟完成）

第二节　线条基础

一、初识线条

　　线条是手绘的基础，速写中几乎所有形态均是以此呈现的，是手绘中运用最多的表现形式。人们会感动于某一两根线条的犀利，却极少会对表现黑白灰关系带有素描味道的排线有较高的认可和共鸣，所以这也是本书主要强调单线训练的原因之一。

　　初学者可从画几根直线开始，画之前笔尖先停顿一下，产生轻微线头，然后均匀画出，再慢慢加速。

线条训练

清晰、流畅的长直线

尽量不要使用这种小波浪线，显得刻板，且用处不大

"大直小曲"指的是即使局部线条有弯曲，但整体趋势是直的

当一根线条不能一气呵成时，不要这样强行搭接和停顿

线条可以这样断开，轻轻接着画，造成的影响会低一些

在任何情况下都尽量避免线条反复磨蹭

线条两头形成的线头应是自然而成，不可刻意为之

不能像这样一直犹豫不决不起笔，然后迅速画出

速写不像工程制图，几乎很少用到虚线

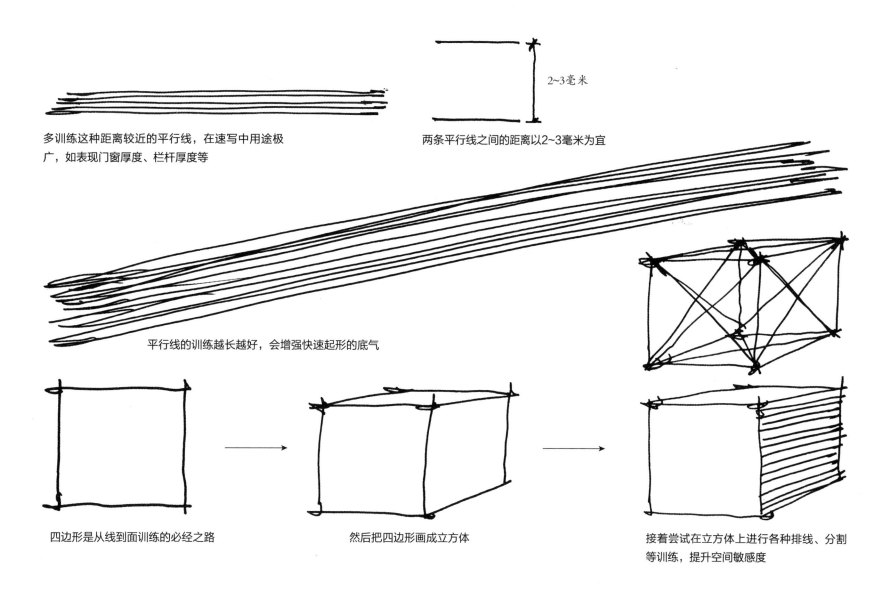

2~3毫米

多训练这种距离较近的平行线，在速写中用途极
广，如表现门窗厚度、栏杆厚度等

两条平行线之间的距离以2~3毫米为宜

平行线的训练越长越好，会增强快速起形的底气

四边形是从线到面训练的必经之路

然后把四边形画成立方体

接着尝试在立方体上进行各种排线、分割
等训练，提升空间敏感度

二、基础三线

把所有线条分类提炼，可以得到三种基本线型，它们可以演化出各种线条，作者称之为"基础三线"。作者不建议漫无目的地乱画线，而应集中精力练习基础三线，这三线不必采用各种"花式训练"来自我满足。本书提及的所有绘画诀窍都是在建议使巧力，唯独基础三线必须简单纯粹地靠时间来夯实和积淀。

基础三线有时以单纯直白的形式出现，但更多的时候体现出的是它们之间相互融合变形产生的线条，但无论怎么变都无法脱离这三种基本线型。

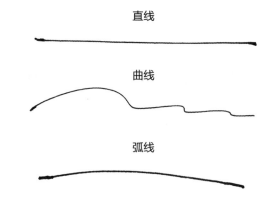

直线

曲线

弧线

直线+弧线（直线为主，稍带弧度），能表现出木结构建筑飞檐翘角的气势，单纯使用直线很难塑造出这样的效果

直线+曲线（曲线为主，稍带棱角），能表现出植物挺拔的轮廓，倘若全以曲线绘制，会使植物看起来过于瘫软

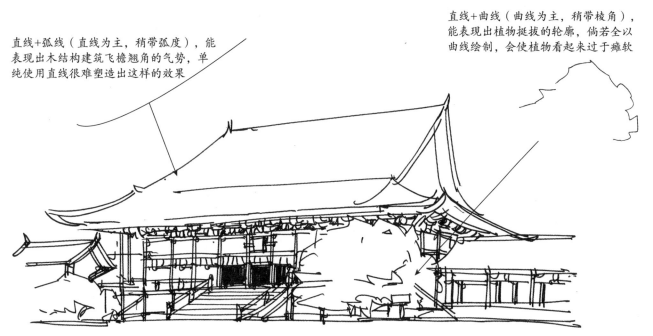

直线+弧线+曲线（三者均衡使用），同时把
三种线打碎再重组，从细节能分别看出它们
各自的特征。如人物外轮廓的概括，这样画
既有力量感，又不显生硬、细碎

直线+弧线（两者均衡使用），既能展现出
直线的刚毅与挺拔，又能略带弧线的圆润感，
使形体更饱满，如这艘快艇的顶棚

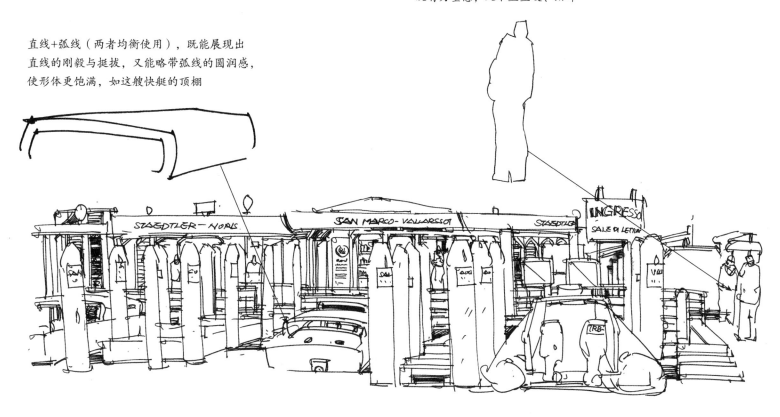

三、圆的奥秘

天地阴阳，方圆动静，中华民族数千年历史长河里，方与圆一直是两个永恒之形，在手绘训练中，这两个形状也充满挑战。在小时候的美术课上，老师通常会说圆是用方慢慢切割而成，这个观点影响了太多人，但细想不对，为何一定要和方扯上联系，同理也可以说把圆打磨出四角成为方，有何意义？方与圆都有自身的造型体系，方偏理性，圆偏感性。圆无转折，但求快速，因此握笔的手指要离笔尖远些，减少绘图阻力。

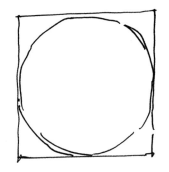

以方为基础切割而成的圆，坑坑洼洼，缺少力道，耗时耗力，不提倡这样画圆

化长为短拼接成圆，这种画法会使线条失去流畅感，显得磨蹭拖拉，不提倡这样画圆

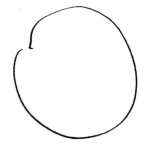

一笔成圆，犀利大气，但对功底要求高，容易出现缺口。然而相对于前两种画法，这种画法更值得提倡，因为会随着训练的加强而逐渐趋于熟练，慢慢地越画越圆

在训练初期会遇到两个技术难关：

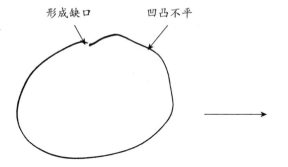

形成缺口　　凹凸不平

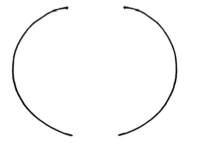

把一个圆拆成两半，
绘制难度会降低

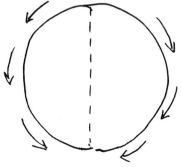

如果等分，起笔和落笔的位置和力度过于对称，看起来会像一个李子，不建议这样画，因此可以考虑不对称分割

圆的奥秘

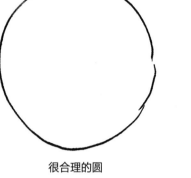

很合理的圆

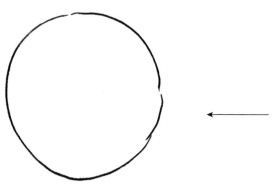

如此分割，两个半圆和两个接口都不会尴尬地处于对称轴上，看起来不会觉得奇怪

圆和半圆在实例中的体现

威尼斯圣马可大教堂

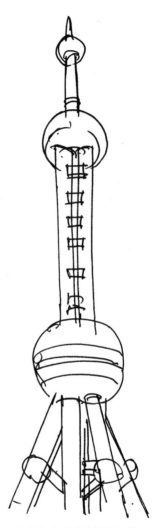

上海东方明珠广播电视塔

四、方的诀窍

和画圆相比，画方难度较小，因为不会出现明显的变形，却很难像圆那样一笔成形，需要拆分完成，一气呵成的方形反而不美。想象一下汉字"口"绝不是一笔成形，而是三笔完成：竖-横折-横，相互搭头与叠加形成了书法特有的韵味。

作者以多年教学经验来看，这样绘制立方体效率最高、形体最稳

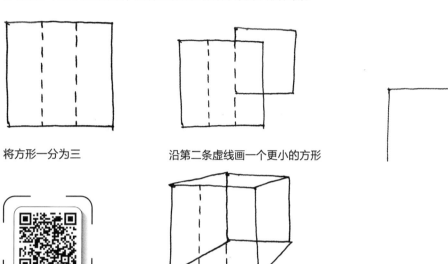

将方形一分为三

方的诀窍

沿第二条虚线画一个更小的方形

将两个方形以直线连接起来，则成为一个立方体

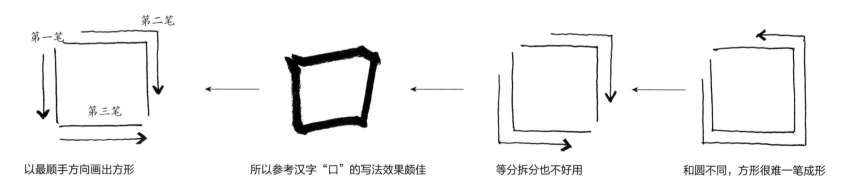

以最顺手方向画出方形

所以参考汉字"口"的写法效果颇佳

等分拆分也不好用

和圆不同，方形很难一笔成形

圣保罗街景建筑

方与圆的结合在实例中的体现

阿尔贝罗贝洛民居

第二章 空间秩序

第一节 透视简理

透视简理

一、三种透视

"透"指看透，"视"指观察，"透视"一词指的是在画纸这种平面媒介上画出物体的空间感和立体感，了解基本的透视技巧可以避免画错位、画扭曲和画变形等情况，庞大而繁缛的透视学是理论而非实践，在速写里透视涉及的主要就是两个简单问题：何为一点透视、两点透视和三点透视；这三者如何体现。

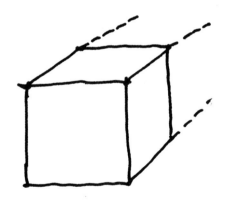

无透视——无论往远处退多远，这个立方体都不会变小，俗称"轴测图"，适合产品手绘，不适合建筑速写

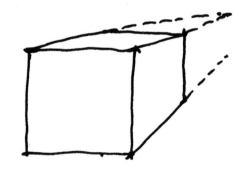

有透视——往后退，立方体会慢慢变小，符合近大远小原则，俗称"透视图"，适合建筑速写

一点透视在案例中的体现

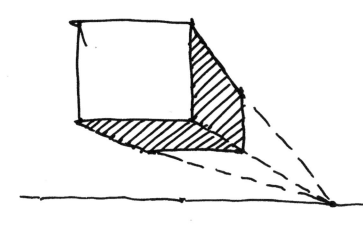

一点透视

物体朝着一个方向后退，会在远处变成一个点，
这种透视就是一点透视，这是最简单的透视

两点透视在案例中的体现

两点透视

物体朝着两个方向后退，会在远处变成左右两个点，
这种透视就是两点透视，这是建筑速写里最常用的透
视，看起来轻松生动，绘制难度不大

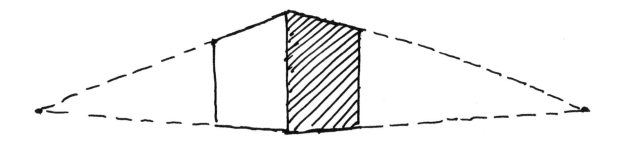

三点透视

物体朝着三个方向后退，会在远处变成三个点，这种透视就是三点透视。这种透视产生的扭曲较大，通常为航拍或者人趴在地上看到的效果，不在人们常规视域内，因此三点透视的实际运用并不广泛

三点透视在案例中的体现

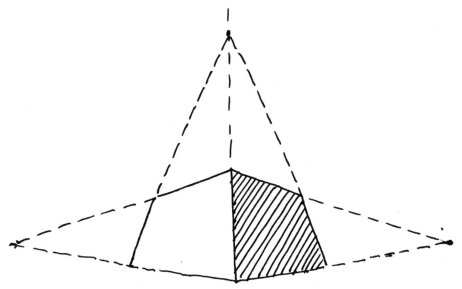

大部分场景是复杂的多种透视组合，绘制过程中将透视原理灵活运用、适当取舍即可。作者个人不主张在作画前画太多透视线，那样会形成依赖，练习效果反而不好，透视原理只是手绘的其中一个辅助环节，并非效果呈现环节。实际教学观察中，部分学生钻入透视的牛角尖里无法自拔，最终削弱了手绘作为感性表达手段的作用，令人惋惜。

二、应对之法

1. 观察剪影法

闭一只眼，眯一只眼，忽略所有的结构和细节，用余光扫描物体大致的外轮廓，得到物体的剪影。

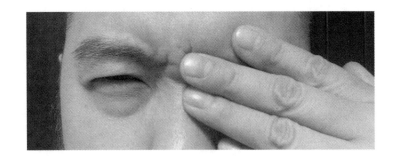

 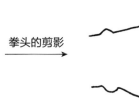

拳头的剪影

 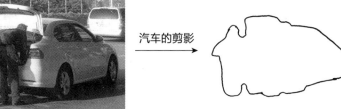

汽车的剪影

建筑的剪影

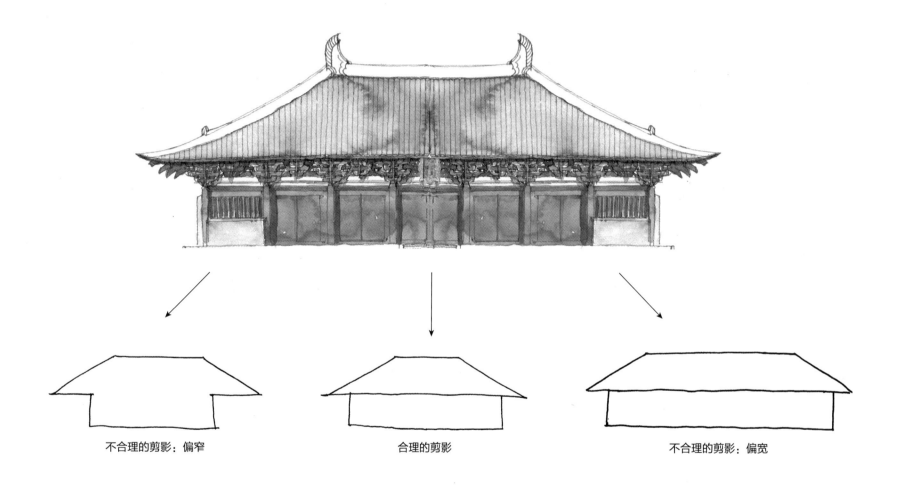

不合理的剪影：偏窄

合理的剪影

不合理的剪影：偏宽

观察并概括出合理的剪影是画好物体的前提，否则后面一切刻画都是沙上建塔、空中楼阁

2.区块概括法（比例对比法）

当简单的剪影观察难起作用时，可以采取区块概括法（比例对比法），将对象划分成几个区块，然后等分，横向以a为单位，竖向以b为单位。

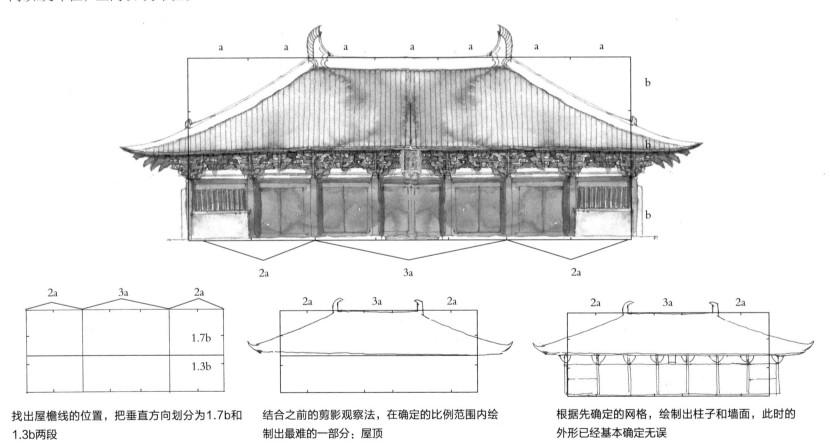

找出屋檐线的位置，把垂直方向划分为1.7b和1.3b两段

结合之前的剪影观察法，在确定的比例范围内绘制出最难的一部分：屋顶

根据先确定的网格，绘制出柱子和墙面，此时的外形已经基本确定无误

3. 水平辅助线和垂直辅助线介入法

比例对比法可以解决尺度和形体的比例问题，而物体的斜线部分可以考虑介入水平辅助线和垂直辅助线，用来参考角度。

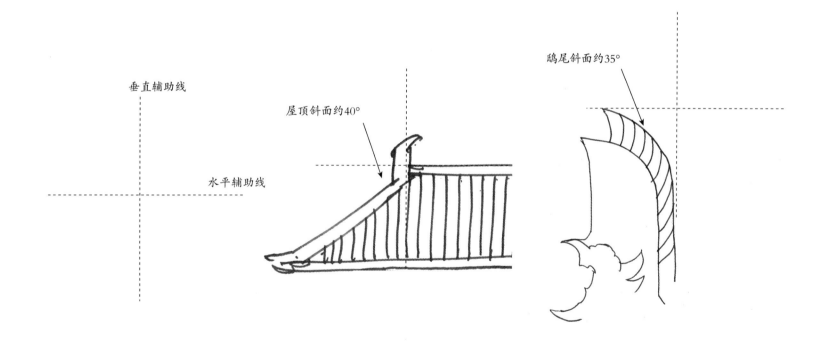

垂直辅助线

屋顶斜面约40°

水平辅助线

鸱尾斜面约35°

4.如何画不歪

（注：所有虚线均可以用铅笔绘制，完成后擦拭掉即可）

画一条垂直辅助线作为建筑的中心线以保证画不歪。沿水平辅助线绘制三个圆形窗，根据透视的角度，中间的圆窗可定在水平辅助线中央，两侧的圆窗略微下移，定在水平辅助线下侧即可

画一条水平辅助线区分屋顶位置

画出尖塔的三面墙

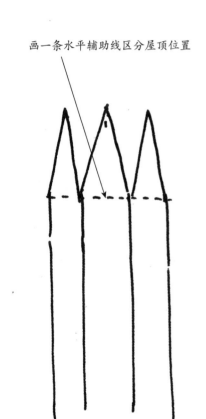

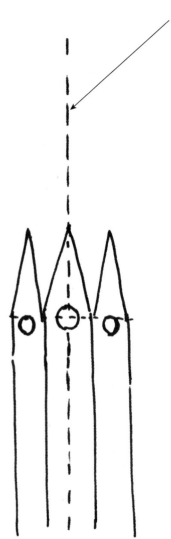

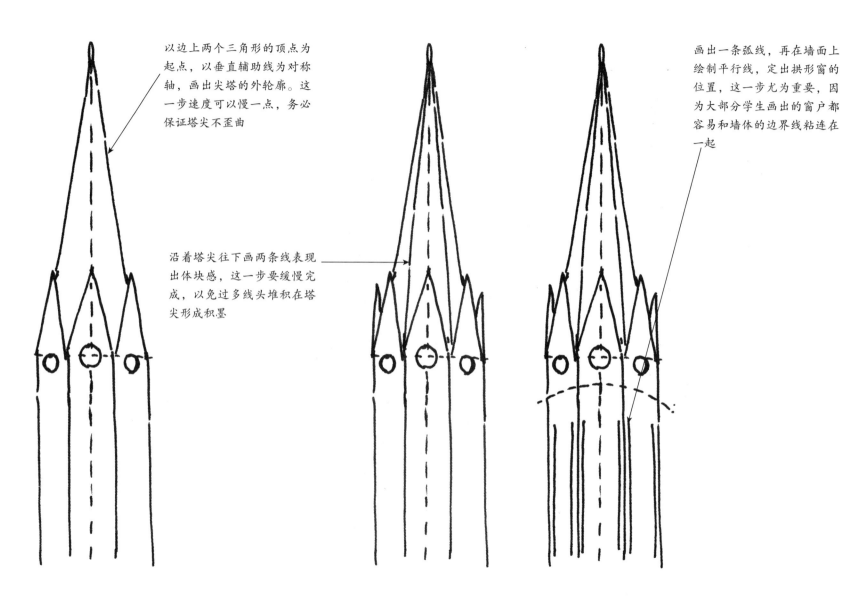

以边上两个三角形的顶点为起点，以垂直辅助线为对称轴，画出尖塔的外轮廓。这一步速度可以慢一点，务必保证塔尖不歪曲

沿着塔尖往下画两条线表现出体块感，这一步要缓慢完成，以免过多线头堆积在塔尖形成积墨

画出一条弧线，再在墙面上绘制平行线，定出拱形窗的位置，这一步尤为重要，因为大部分学生画出的窗户都容易和墙体的边界线粘连在一起

画出拱形窗

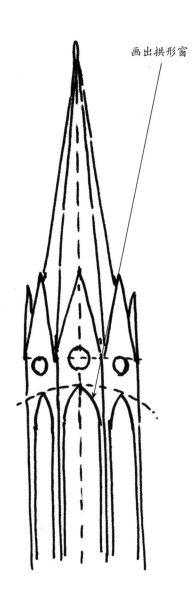

慢慢画出建筑细部的厚度、
内窗、转角等细节

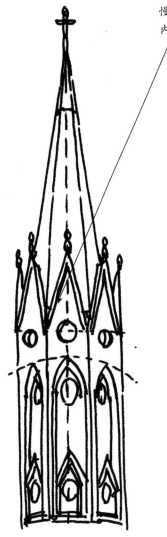

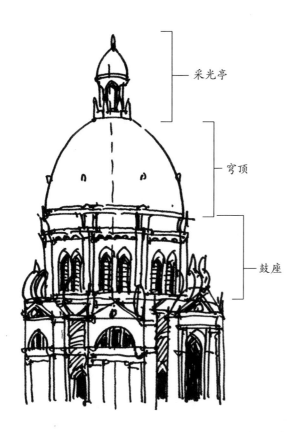

采光亭

穹顶

鼓座

5. 如何画不塌

穹顶建筑往往容易画得脱节和错位，形成坍塌的既视感，尤其是顶端的两部分：采光亭和穹顶。

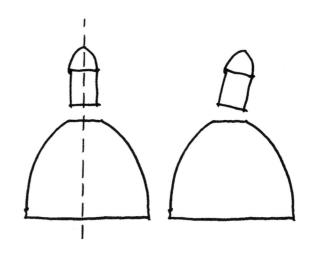

解决这个问题主要考虑两个方面，第一是将中轴线对齐，参考前文讲到的尖塔案例"如何画不歪"，第二是合理控制穹顶曲线的弧度和走向。相对线条笔直的建筑，穹顶建筑则更需谨慎，弧线比直线更难画，直线可以一拉到底，而弧线的美感需要考虑方向的转向和用力的变化。

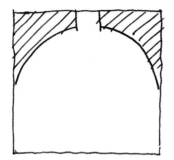

正常的穹顶

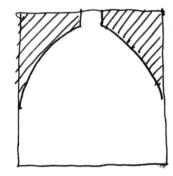

没把握住弧度显得往下滑的穹顶像个无花果，头轻脚重

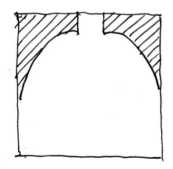

过分停顿导致画弧线的时候由于惯性会往下抛一点，这样画出来会造成穹顶往下挤压的现象

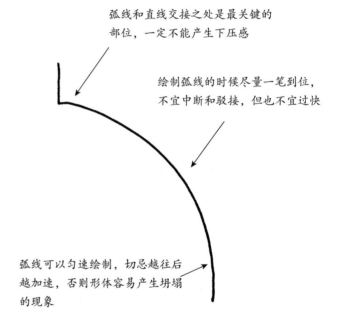

弧线和直线交接之处是最关键的部位，一定不能产生下压感

绘制弧线的时候尽量一笔到位，不宜中断和驳接，但也不宜过快

弧线可以匀速绘制，切忌越往后越加速，否则形体容易产生坍塌的现象

上图提到的三种情况看似简单但完全掌握却很难。因为弧线的绘制涉及细微的力度，稍有差异便大相径庭，所以需要多训练。

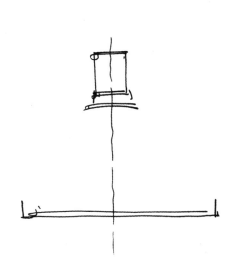
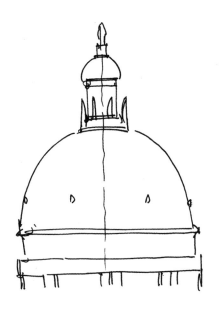
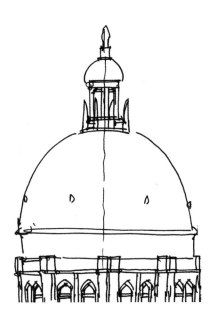

穹顶的绘制过程演示

6. 如何画不乱

细节复杂的建筑一定要概括和提炼，用简洁明了的方式表现，若面面俱到则会产生密密麻麻的效果。以科隆大教堂为例谈一下如何画才不会零乱。

先把建筑拆开，把细节转换成自己能理解的各种几何形体，在头脑里过一次，留下初步印象

如何画不乱

  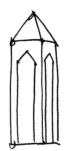

然后选出最通用、最简洁的几个形体作为起稿的基本形

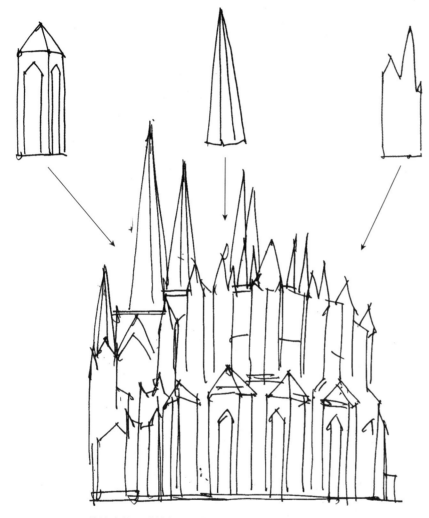

将选出的三种基本形拼合起来，大致组成教堂的外形

加入细节处理，完成屋顶装饰，完成画作。如此，复杂的建筑就这样通过简单的方式概括出来了，不繁缛也不凌乱

7.如何画不粘

画面画不粘非常重要，因为成组的门窗在建筑速写里几乎无法避免，画好它们不一定能成为加分项，但画不好它们则一定会让画面变得非常糟糕，例如，将成组的窗户画得大小不一、缺少节奏，建筑会丧失庄严感；将远景门窗画大，则会拉近整个画面的透视，空间感骤降。以巴西里约热内卢街景为例进行说明。

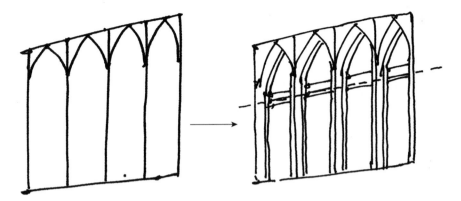

将一组窗户的上下边界线画出来，等比例分割，如果透视角度较大，则可在等分的时候考虑适当渐变

朝一个方向绘制窗户的厚度，注意只能从一个方向表现厚度

切割窗户，分批刻画完成细节

最后用整洁的叠线适当加深门窗暗部，使其形体清晰不粘连

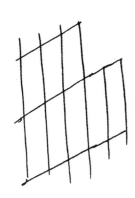

作者在多年的手绘教学过程中发现，无论基础如何，在表现一整面墙的门窗时，均需要放慢速度梳理出门窗的位置才能应对上下左右可能出现的线条粘连问题。把握不住的情况下可用前文讲过的"垂直辅助线介入法"去解决

罗马角斗场把对刻画门窗的技法要求上升到了另一个高度。罗马角斗场就像一个圆桶，最中央正对人们的那个门几乎看不到厚度，越往两边门的厚度所占比例越大，到接近最边上的时候就只见厚度不见门。只要把这一点把握住，就会发现罗马角斗场的绘制很简单。

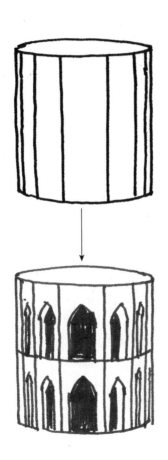

罗马角斗场（8分钟完成）

巴西街头建筑(35分钟完成)

廷巴克图遗址（27分钟完成）

普吉岛街景（65分钟完成）

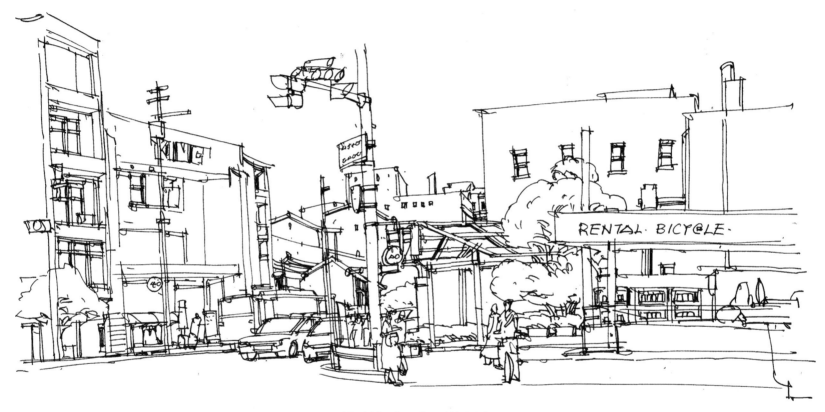

清迈老城区街景（58分钟完成）

第二节　构图方式

一件作品的诞生离不开构图，构图是根据自己的需求对画面进行的调度和改变，主要从两个方面入手：取景；增减与偏移。

构图方式

一、取景

取景是构图的首要步骤。以手指为取景框，确定自己想画的图的范围是倾向于局部表现还是整体表现，是倾向于表达建筑单体还是街景场景。

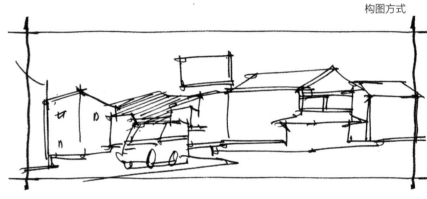

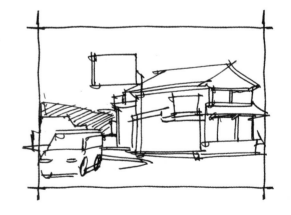

二、增减与偏移

推敲取景框内所有物体是否都有画的必要性，或者是否需要增补；物体之间的位置是否需要适当改变。

过于复杂的管道可做删减

远处那一排房屋形状过于规整，外轮廓可做微调

左上角电线过于密集可做删减

远山形状和近处房屋的体量过于雷同，可修改山形

广告牌和房屋挨得过近，可以往上移动一点

面包车形状过于高耸，可以考虑换成小轿车

右下角场地过于空旷，可以考虑加几位游客

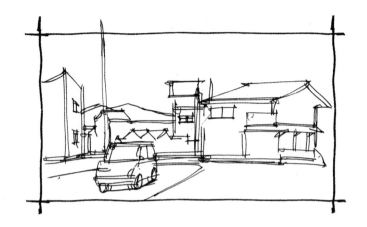

根据刚才的构思初步绘制草图

微调和细化草图，让场景的氛围感更强

推敲背景，做一些适当的深化和调整

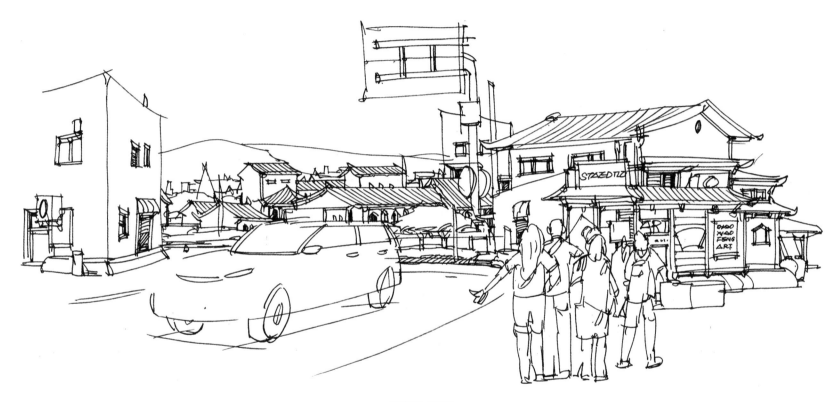

最终完成效果

第三节　黑白灰关系

黑白灰关系不是绘画技法，而是观察方法。黑白灰源于光线，简单有效的训练方法是在手机里把照片转为单色，然后不断调整对比度，当对比度调高的时候就可以排除细节干扰，使画面呈现出明朗的黑白灰关系。

把对比度调到最高，得到最强烈的黑白灰关系，绘制出第一张草稿，最直接地掌控画面的明暗

调高对比度只是为了方便对素材进行观察与提炼，最终还是需要选择一个适度的黑白灰关系来绘制第二张草图，通过反复几次对比训练来提高对黑白灰关系的把控能力，从而得到一个准确的黑白灰关系

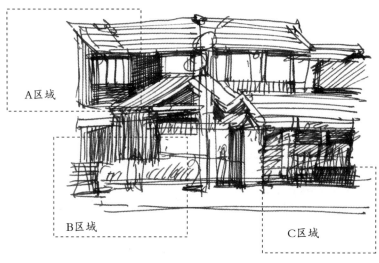

A区域

B区域

C区域

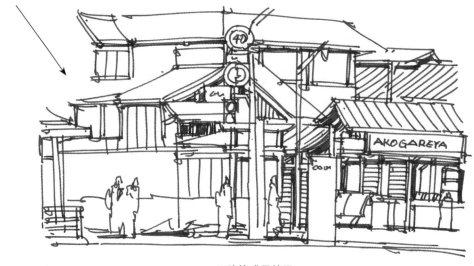

正稿的成品效果

虽然经过尝试得到了较满意的黑白灰草图，但草图毕竟是草图，草图和正稿肯定是有差异的，很多草图转换成正稿不一定好看，所以必须在此基础上将暗部再次删减，倘若不删减，过多排线叠加在一起会很像素描而非速写，降低了线条的美感。以作者的经验而言，选择性地将暗部删减一半，并且不要删减得太对称（如删掉A区域、B区域、C区域的暗部），就可以得到黑白灰关系非常均衡的画面状态，这是最为简洁稳定的处理方式

第三章 案例示范步骤详解

一、现代公共建筑

重点难点：

（1）形体越简单的现代建筑对单线要求越高，第一步起稿时线稿不能画得太犹豫。

（2）底层部分是排线较多的部位，考虑清楚以何种方式排线，并减少不必要的排线。

（3）远景的植物不能喧宾夺主，尽量以其外轮廓简单表现，不要去刻画细节。

本案例绘画过程

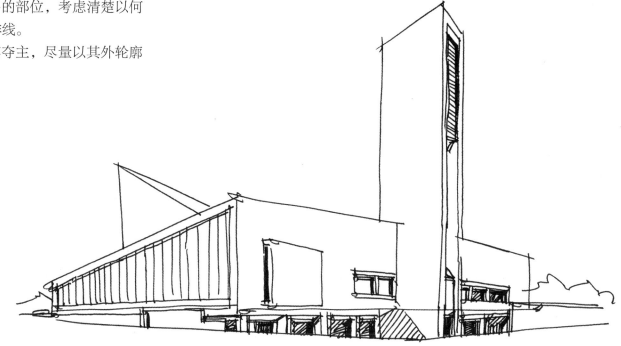

万宝龙221型钢笔EF尖、法布亚诺素描纸、A4图幅、红岩碳素墨水（12分钟完成）

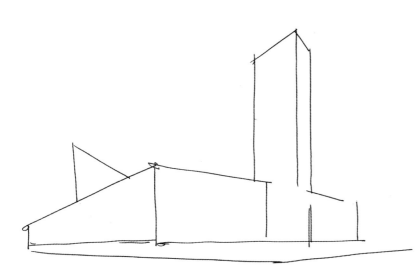

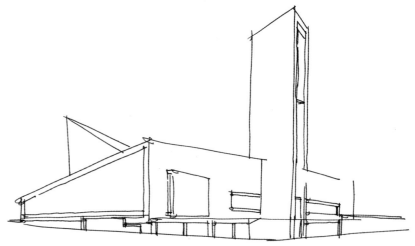

观察整座建筑的骨架和基本形，绘制出几个简单的几何形体。这一步不要出错，先核对清楚大致透视是否和场景吻合，否则继续修改，不要急于进入下一步。此时绘制的线条虽然少，但都与后续步骤有关联，失之毫厘，差之千里

沿着建筑有屋檐或者有门窗的面把双线勾勒出来。区分出下沉空间门和柱的位置

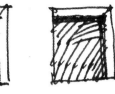

垂直排线与交叉排线

垂直排线虽然规整，但与轮廓线一致，所以反而会弱化形体，而交叉排线则会强化形体

建筑上的小面积门窗暗部用交叉排线更为适合

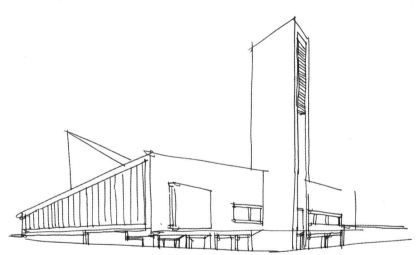

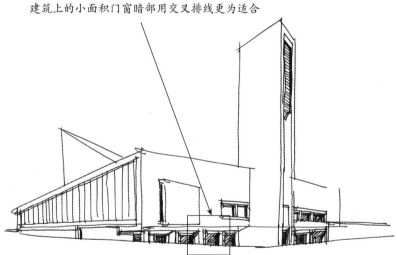

根据需要对建筑外墙材质做出排线的处理
（通常情况下不需要排线的材质有玻璃、镜面不锈钢、光滑的石材等；需要排线的材质有木材等）

着重对底层空间的细节进行黑白灰关系的刻画，最后在一些适当部位压黑线加强形体，完成作品

二、别墅建筑

本案例绘画过程

重点难点：

（1）相较于前一个案例，别墅建筑的体量更小但转折面更多，因此产生排线的地方也会更多，更需要注意整体规划，避免过度排线后让画面看起来像一幅素描而并非速写。

（2）居住建筑相比公共建筑而言，不会有太大的空地面积，因此周边的植物可以适当赋予明暗表达。

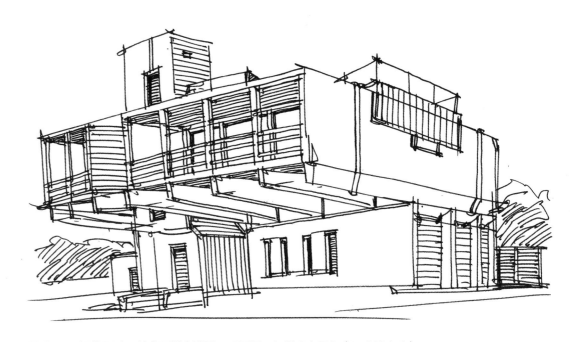

百乐Birdie钢笔EF尖、法布亚诺素描纸、A3图幅、红岩碳素墨水（23分钟完成）

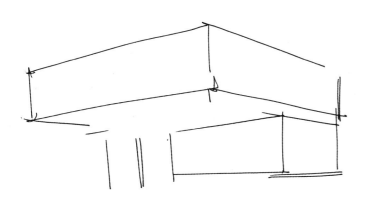

以两个简单的立方体概括出别墅的基础轮廓

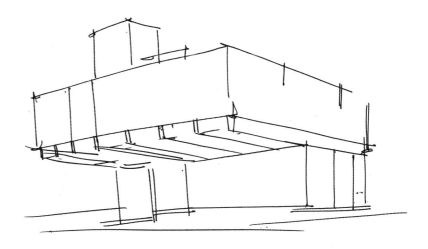

画架空层的承重部分，此处的平行线太多，第一根可以以铅笔辅助起形，否则后面的会跟着出错

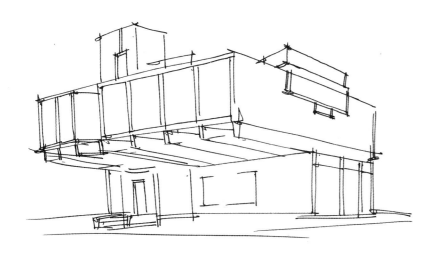

将重要部分的单线补成双线，为后续的立体感塑造提供基础。继续划分建筑的大框架，如门框、窗框。此时建筑的体积感和外形大致成型，不要着急往下刻画，停顿片刻好好检查一下

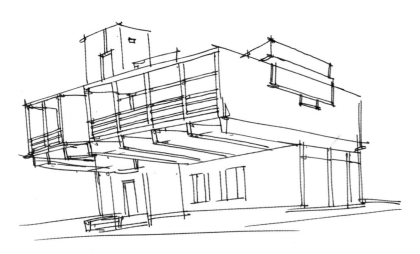

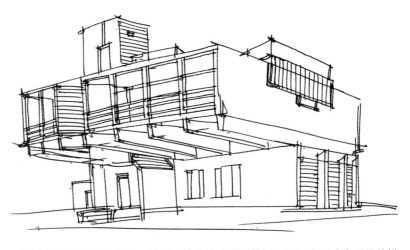

先画栏杆再画内部的落地窗，因为栏杆太细，先画能突出其形态，后画则会和落地窗叠在一起，使线条破碎。在速写过程中，线条的相互叠加不是不可以，但栏杆还是需要慎重下笔

对整座建筑的暗部进行统一排线，排线的速度要放缓，且不宜形成太明显的搭头，那样会使整个暗部看起来杂乱无章

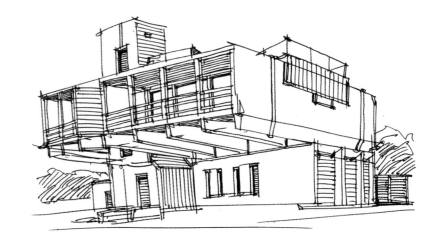

在一些转折面上用黑实线压一压，巩固黑白灰关系，也突出形体，最后适当描绘一下背景植物，逐步完成画作

三、临街店铺

本案例绘画过程

重点难点：

（1）临街店铺和前两个案例有明显区别，它并非单体建筑，而是建筑的一个部分，因此在绘制之前就要对其外轮廓加以斟酌，决定哪些部位可以附带，哪些部分需要删减。

（2）平台、门、遮阳棚、栏杆、窗户等要素之间的空间关系需要好好梳理。

白金PSQ钢笔EF尖、法布亚诺素描纸、A4图幅、红岩碳素墨水（20分钟完成）

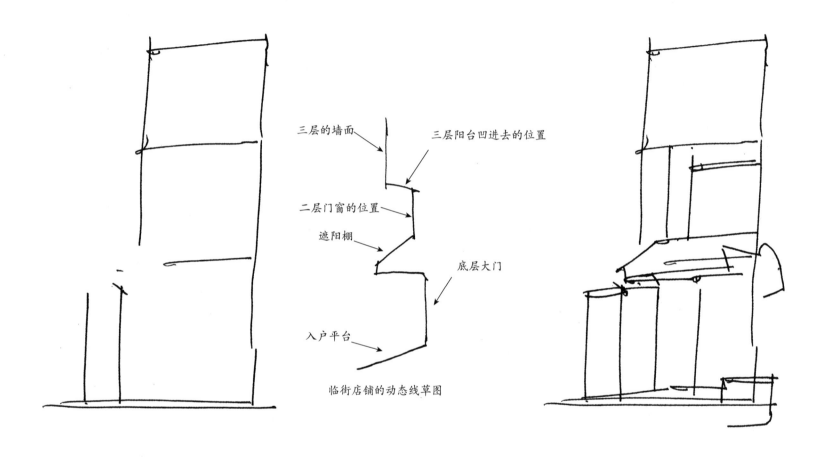

三层的墙面

三层阳台凹进去的位置

二层门窗的位置

遮阳棚

底层大门

入户平台

临街店铺的动态线草图

这是位于重庆观恒上域街的一处临街店铺，先归纳外轮廓，画出三个方块

先画一根多段折线，清楚了解了各部分之间的起伏关系后，再依次在三个方块内进行细化，大致画出店铺的轮廓

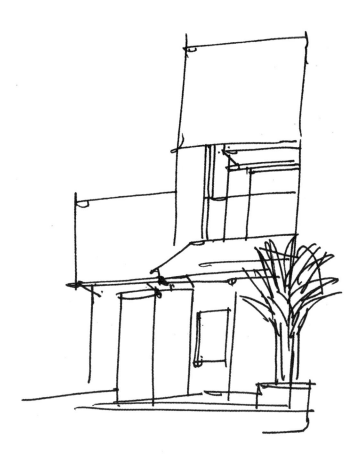

画出盆栽、栏杆等配景

继续对栏杆、外墙等部分进行细化，慢慢调整出细节，直至完成作品

四、巴黎圣母院

本案例绘画过程

重点难点：

（1）主要的立柱容易画歪。

（2）门窗的层次太多，需要进行归纳概括。

（3）如同图案一般复杂的拱门，需要运用简单而行之有效的提炼手法，使其形神兼备。

白金PTL-5000-A金笔EF尖、法布亚诺素描纸、A4图幅、红岩碳素墨水（20分钟完成）

弱化所有细节，将建筑快速归纳成十一个方块　　　在此基础上画出主要的柱子，然后画出拱门和圆窗　　完善拱门和圆窗的基础形
　　　　　　　　　　　　　　　　　　　　　　　　　的基础形

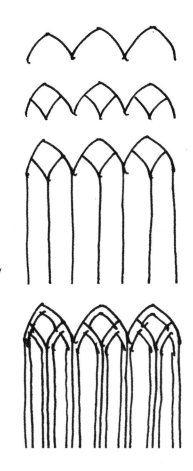

遇到哥特式窗格均可这样去概括：先勾画出
几个拱形，然后在每个拱形里面进行相应分
割，接着连成线，最后将所有单线变为双线
即可

画出拱门和圆窗的结构

逐渐补充细节，直至最后完成作品

五、故宫角楼

本案例绘画过程

重点难点：

（1）中国古建筑艺术博大精深，绘制的最大难点莫过于如何将精细复杂的形体进行归纳和提炼，使其成为一幅简洁明朗的速写作品。

（2）相互重叠、大小不一且形制各异的屋顶如何梳理前后关系，使其不凌乱。

百乐Birdie钢笔F尖、康斯坦丁素描纸、红岩碳素墨水（25分钟完成）

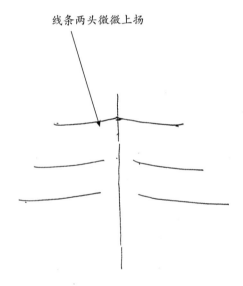

线条两头微微上扬

画出基础骨架，像一个"丰"字

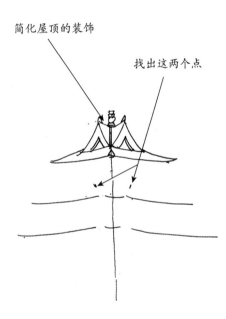

简化屋顶的装饰

找出这两个点

画出顶层屋顶

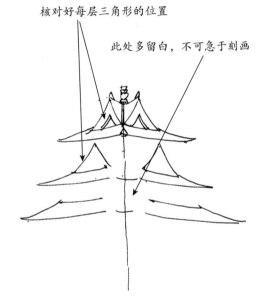

核对好每层三角形的位置

此处多留白，不可急于刻画

概括出下两层屋顶的外轮廓

找出这两个点

概括出屋顶的转折面（难点）

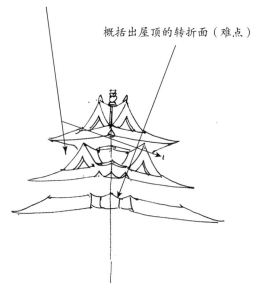

完善屋顶的转折面

参考上一步的两个点画出露出角的屋顶

强化屋顶的厚度

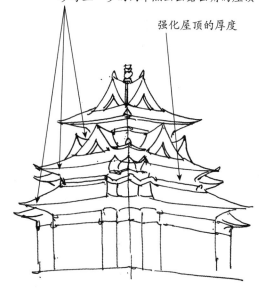

画出藏在后面的屋顶

归纳斗拱，继续刻画直至完成作品

六、吴哥窟

本案例绘画过程

重点难点：

（1）和中国古建筑飞檐翘角的气质
不同，以吴哥窟为代表的南亚及东南亚石
制建筑从整体形体而言更圆润敦厚，形体
之间很难拉出较大的差异，需要进行图形
化的提炼简化。

（2）层层叠叠的石质屋顶从画面效
果上需要进行适当的变形处理，增强层
次感。

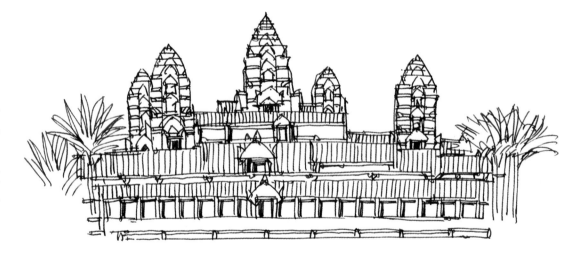

百乐Dp-500型金笔EF尖、法布亚诺素描纸、A4图幅、红岩碳素墨水（20分钟完成）

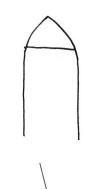

吴哥窟的莲花蓓蕾塔分为塔体和塔尖两部分，需要分别绘制。

画出几根基础水平线和五座塔的简要外形

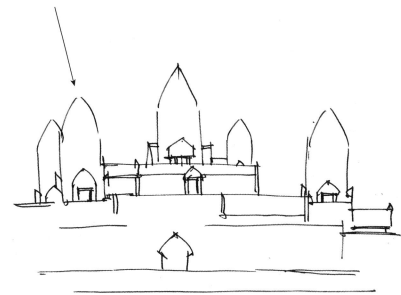

将每座塔底层各方位的门楣表现出来

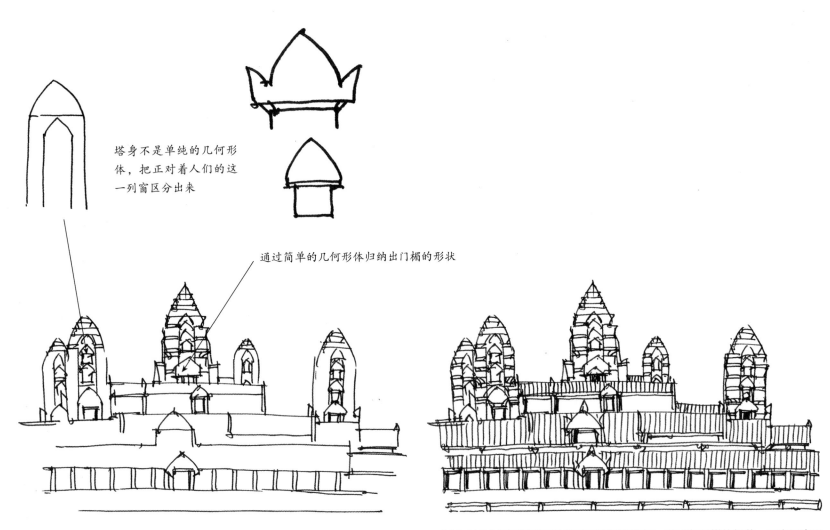

塔身不是单纯的几何形
体，把正对着人们的这
一列窗区分出来

通过简单的几何形体归纳出门楣的形状

将每座塔的基本结构进行拆解和归纳，并以简单的线条呈现

逐步表现出每层塔的厚度以及回廊屋顶的瓦，刻画每层塔的细节，画出回廊石柱的投影。接着画出门洞的暗部并补上植物，直至完成画作

七、街景空间

本案例绘画过程

重点难点：

（1）建筑本身刻画难度不大，难点主要在表现街道形成的透视，尤其是远景。

（2）远景的难点在于如何用几根线条概括空间，而不是去精雕细琢。

（3）街道的两条边线一定要在刻画前绘制准确。

红环钢笔EF尖、康斯坦丁素描纸、A3图幅、红岩碳素墨水（35分钟完成）

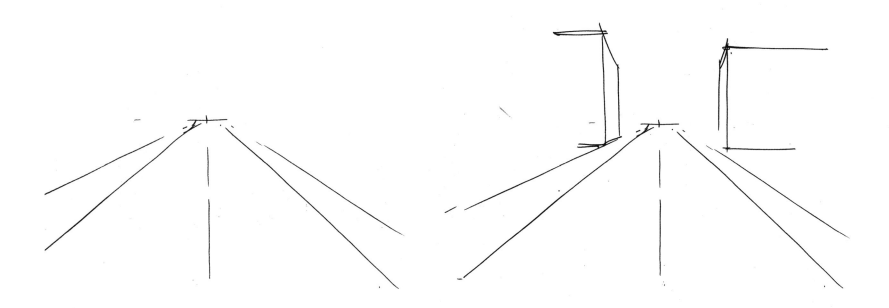

用四条线准确概括出街道的透视

选择两边街道的中景建筑作为起始点进行绘制。若选择近景开始画，很难控制住整个动态，容易越往远处画越歪；若选择远景开始画，越往近景刻画越容易画刻板

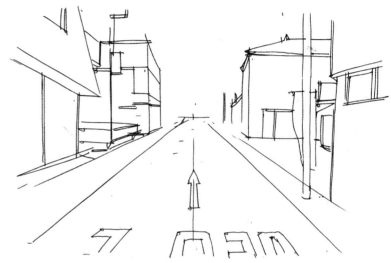

从中景往前推，慢慢找出建筑的外轮廓，此时不必考虑远景，分段完成

继续增加细节，此时依然不必考虑远景。因为只有当中景、近景表达明确以后才能更好地掌控远景的透视。如果一开始就把远景确定了，那么很可能会导致透视错位

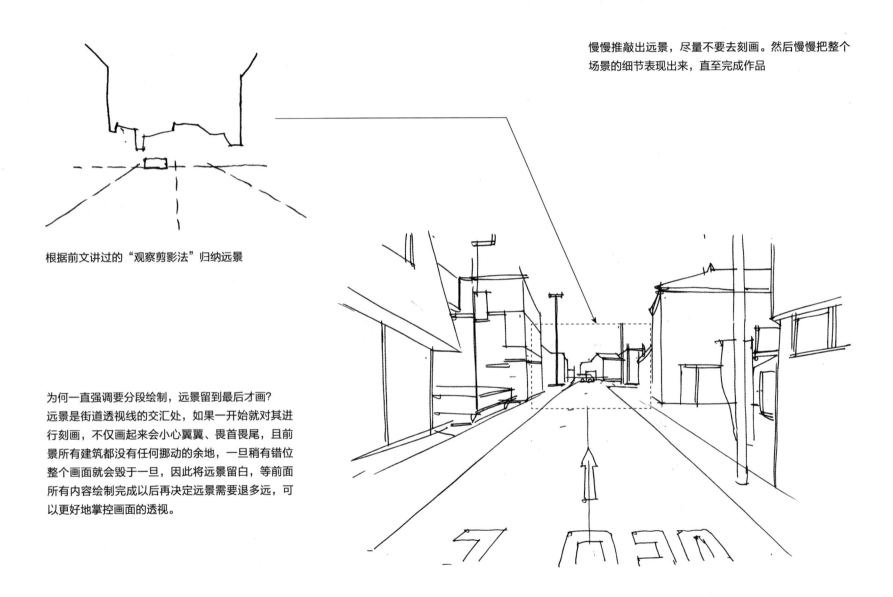

慢慢推敲出远景，尽量不要去刻画。然后慢慢把整个场景的细节表现出来，直至完成作品

根据前文讲过的"观察剪影法"归纳远景

为何一直强调要分段绘制，远景留到最后才画？远景是街道透视线的交汇处，如果一开始就对其进行刻画，不仅画起来会小心翼翼、畏首畏尾，且前景所有建筑都没有任何挪动的余地，一旦稍有错位整个画面就会毁于一旦，因此将远景留白，等前面所有内容绘制完成以后再决定远景需要退多远，可以更好地掌控画面的透视。

在街景速写中，远景的剪影形态起着至关重要的作用。

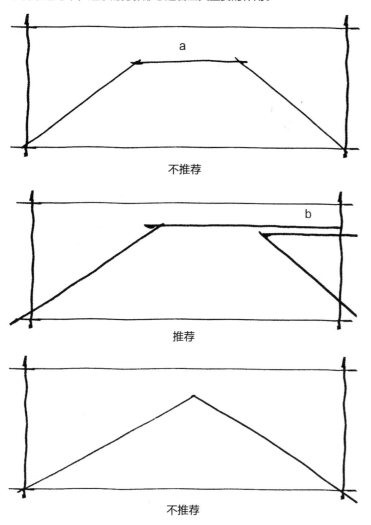

不推荐

推荐

不推荐

正对人们的那条水平线（图中标为a）如果过长，会显得空间堵塞，透视无法消失于远处，大部分初学者很容易把这条线画得过长

把正对人们的那条水平线加长（图中标为b），在远景处表达出侧面的小路，这样处理恰到好处，同时具备了场地进深和空间感

两侧街道直接交汇于一点，这种处理最省力也最不易出错，并且可以显得空间特别深远，但对于小体量的街景而言，则难以匹配如此大的进深

八、小型建筑空间平面

本案例绘画过程

重点难点：

（1）画风尽量简洁明了，不可拖泥带水，更没必要使用尺规作图，可以适当用铅笔辅助。

（2）不必纠结墙体厚度，那样会降低画图效率，应主要以表现空间布局为主。

（3）不要把在CAD里使用的作图规范全部代入手绘平面图中，如没必要绘制地板的花纹；家具尽量简单处理，留白是很好的选择。

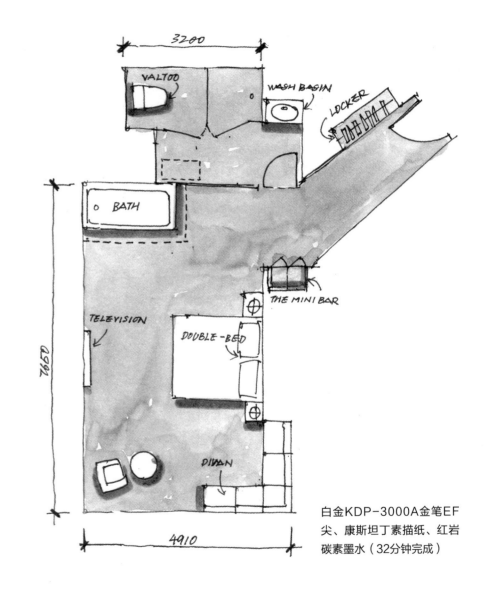

白金KDP-3000A金笔EF尖、康斯坦丁素描纸、红岩碳素墨水（32分钟完成）

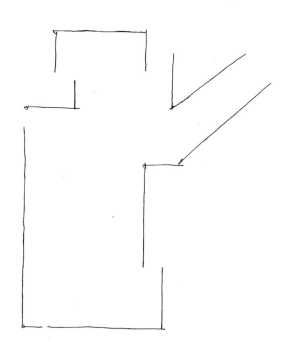

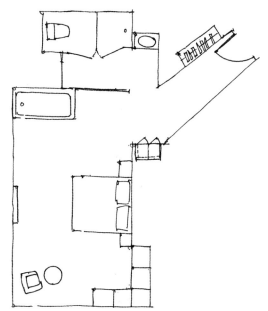

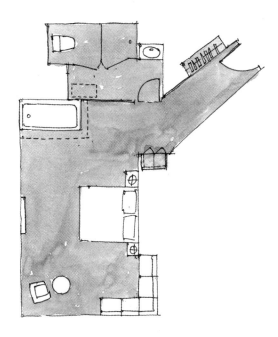

以该酒店室内平面图为案例，先快速绘出房间基本轮廓，用最简单的线条表现

画出家具的外形，此时无须过多刻画

用淡墨铺出地面，待墨干后画出投影和标注

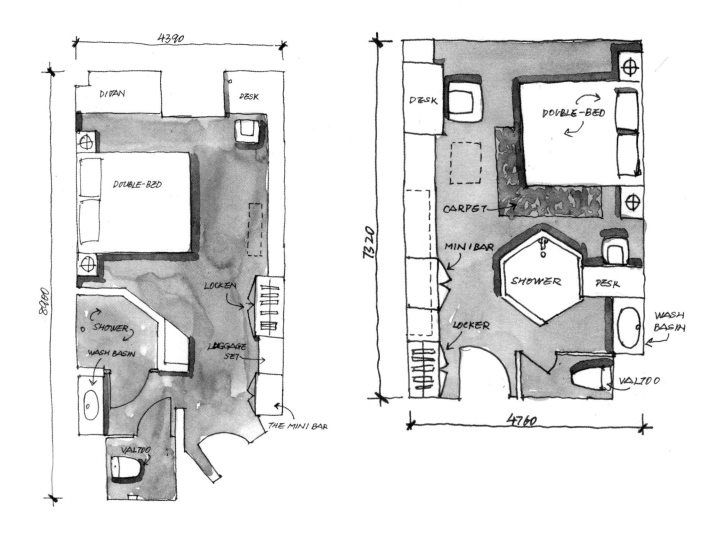

各种户型图训练实例

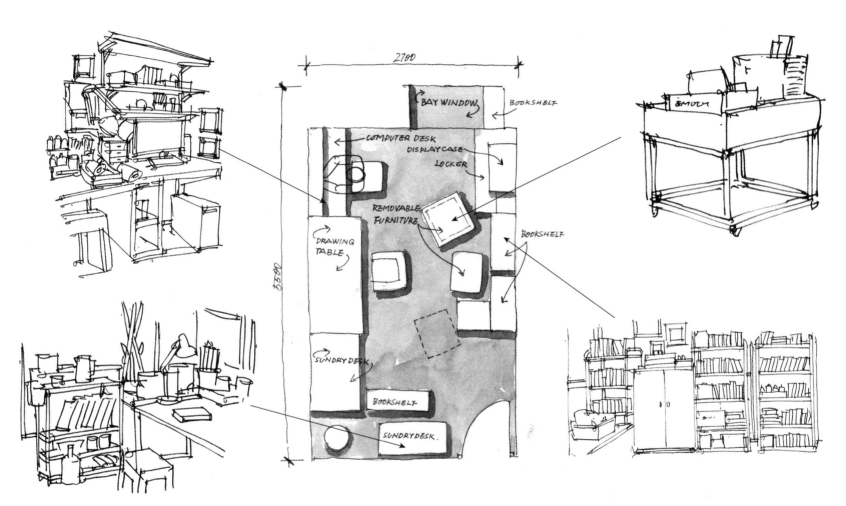

以回忆的方式绘制出房间的户型，并且思考一下家具都分布在哪些地方，绘制出
平面图以后最好把局部透视也以小草图的方式画出来，以训练空间掌控力

第四章 案例摹本

京都寺庙建筑局部（15分钟完成）

根特老城区建筑（15分钟完成）

京都醍醐寺配殿（10分钟完成）

阿尔贝罗贝洛民居（16分钟完成）

荷兰阿姆斯特丹铸币广场街景（35分钟完成）

雅典帕特农神庙（16分钟完成）

京都岚山街景建筑（36分钟完成）

暹粒塔逊寺（32分钟完成）

布拉格城市鸟瞰（55分钟完成）

麦德林街景（65分钟完成）

暹粒老市场（25分钟完成）